Merle Umnirski

Unterrichtsstunde Sachrechnen: Am Beispiel Einkaufen „Wir schreiben einen Einkaufszettel für die notwendigen Gebäckzutaten"

Unterrichtsentwurf Sachaufgaben 4. Klasse

GRIN Verlag

Bibliografische Information der Deutschen Nationalbibliothek:

Die Deutsche Bibliothek verzeichnet diese Publikation in der Deutschen National-
bibliografie; detaillierte bibliografische Daten sind im Internet über http://dnb.d-
nb.de/ abrufbar.

Impressum:

Copyright © 2003 GRIN Verlag GmbH
Druck und Bindung: Books on Demand GmbH, Norderstedt Germany
ISBN: 978-3-640-36010-9

Dieses Buch bei GRIN:

http://www.grin.com/de/e-book/129133/unterrichtsstunde-sachrechnen-am-beispiel-
einkaufen-wir-schreiben-einen

Unterrichtsentwurf für den 2. Unterrichtsbesuch
im Fach Mathematik

Datum:	17.12.2003
Zeit:	10.00 Uhr – 10.50 Uhr
Ausbildungslehrerin:	Frau
Fachleiter:	Frau
Klasse:	4a (13 Mädchen, 15 Jungen)
LAA:	

Thema der Unterrichtsreihe:

Mini- Projekt:
„Wir backen Plätzchen für die Weihnachtsfeier"

Thema der Planungseinheit:

Sachrechnen: Am Beispiel Einkaufen
„Wir schreiben einen Einkaufszettel für die notwendigen Gebäckzutaten"

Ziel der Unterrichtsreihe

Die Unterrichtsreihe soll den Kindern ermöglichen, das Mini- Projekt „Plätzchenbacken für die Weihnachtsfeier" zu nutzen, um handlungsorientiert und fächerübergreifend ihre Kenntnisse im Umgang mit Größen und Rezepten zu vertiefen und zu erweitern, ihre Grundvorstellungen zu Gewichten und Rauminhalten auszubauen und diesen realistische Bezugsgrößen aus der Umwelt zuzuordnen.

Ziele der Planungseinheit

Der Unterricht soll den Kindern ermöglichen,

- ➤ eine authentische Sachsituation problemlösend mit Hilfe von geeigneten mathematischen Modellen wie z.B. dem Rechenbaum zu mathematisieren.
- ➤ den Umgang und das Rechnen mit Größen (g-kg und ml-l) einzuüben, schriftliche oder halbschriftliche Rechenstrategien anzuwenden sowie mathematische Operationen und Zusammenhänge und ihre durch den Sachverhalt bedingte logische Abfolge und Verkettung zu erkennen.

1. Aufbau der Unterrichtsreihe

1. Planungseinheit: Vorstellung des Mini- Projekts:
Plätzchenbacken für die Weihnachtsfeier (Zieltransparenz)

„Weg" mit Anmerkungen skizzieren:

Vorbereitung	–	**Backen**	–	**Besprechung**
(Planung	–	Durchführung	–	Reflexion)

↓	↓	↓
Was brauchen wir? Was müssen wir wissen bzw. uns erarbeiten? Was sind Rezepte?	Was brauchen wir?	Was ist gut bzw. schlecht gelaufen? Waren die Rezepte umsetzbar? $\Rightarrow$ Ver- besserungsvorschläge.

2. Planungseinheit: Wiederholung und Vertiefung der Maßeinheiten: g – kg – t und ml – l

3. Planungseinheit: Rezepte
lesen – sammeln – selbst schreiben (Was könnt ihr backen/ kochen?)

4. Planungseinheit: Sachrechnen: Am Beispiel Einkaufen
„Wir schreiben einen Einkaufszettel für die benötigten
Gebäckzutaten"

5. Planungseinheit: Plätzchenbacken

6. Planungseinheit: Evaluation des Prozesses $\Rightarrow$ Reflexion

Die hier vorgestellte Unterrichtsreihe stellt eine vorläufige Planung dar, die aufgrund mögli-
cher Anregungen und Interessen der Kinder erweitert bzw. abgeändert werden kann.

2. Sachstruktur

„Sachrechnen ist Anwendung von Mathematik auf vorgegebene Sachprobleme und Mathematisierung konkreter Erfahrungen und Sachzusammenhänge vorwiegend unter numerischem Aspekt"(nach Strehl).[1]

Diese Definition berücksichtigt neben der Vermittlung von anwendbarem Wissen, das in Form von oft unrealistischen Textaufgaben Ziel des klassischen Sachrechnens war, die „Denkerziehung", die seit den 70er Jahren Inhalt des modernen Sachrechnens ist. So soll das moderne Sachrechnen „kreativ, anwendungsorientiert, wirklichkeitsbezogen und fächerübergreifend" sein.
Radatz und Schipper sehen im Mittelpunkt des neuen Sachrechnens Sachsituationen, die aus der Lebenswirklichkeit der Schüler kommen, authentische Situationen aus Umwelt und Alltag wie **das Schreiben eines Einkaufszettels**. Sie fordern weiterhin, dass „Anwendbarkeit und Beziehungshaltigkeit des mathematischen Wissens beim Durchdenken von Sachsituationen"[2] von den Schülern erkannt werden müssen („sinnhaftes Tun" $\Rightarrow$ **Einkaufszettel schreiben, um die nötigen Zutaten fürs Backen in der richtigen Menge einkaufen zu können**).

Nach Winter lassen sich die Ziele in folgende 3 Bereiche kategorisieren:

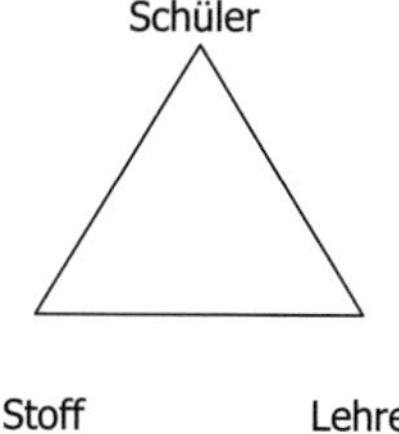

Ziele:
1. Sachrechnen als Lernstoff
   Kenntnisse über Größenarten und –einheiten gewinnen
   (**g-kg; l**)

2. Sachrechnen als Lernprinzip
   Methode: Sachsituation heranziehen, um mathematische
   Inhalte zu vermitteln (**Wie viel Mehl brauche
   ich?** $\Rightarrow$ **Multiplikation oder mehrfache Addition**)

3. Sachrechnen als Mittel zur Umwelterschließung
   Beispiel: Einkaufssituation, Backen im Haushalt (**Ist das
   errechnete Gesamtgewicht größer oder kleiner als
   das Packungsgewicht?**)

Das Kernstück eines so verstandenen Sachrechnens besteht darin, eine Sachsituation durch ein geeignetes mathematisches Modell zu beschreiben und dadurch besser zu verstehen bzw. eine Situation zu mathematisieren. Dabei sollen keine schematischen Lösungsverfahren, sondern das Prinzip des aktiv- entdeckenden Lernens angesprochen werden.[3]

Die Darstellungsmethoden sind frei wählbar, wobei der Prozess in der Reflexion **in Form eines Rechenbaums** festgehalten werden soll. Der Rechenbaum ist eine der grundlegenden Datenstrukturen der Informatik und stellt den Ablauf der Bearbeitung einer Aufgabe in Form eines „Rechenprogramms" grafisch dar.

---

[1] Strehl, R.: Grundprobleme des Sachrechnens, Freiburg imD Breisgau 1979, S.24.
[2] Radatz, H./ Schipper, W.: Handbuch für den Mathematikunterricht, Hannover 1983, S.137.
[3] Wessolowski, Silvia: Sachrechnen in authentischen Situationen. Am Beispiel Einkaufen, in: Grundschule, 9/1998, S.37.

3. Lernstruktur

Die Übungsstunde „Schreibe einen Einkaufszettel" ist im Lehrplan dem Bereich **Sachrechnen** und dabei vor allem den Aufgabenschwerpunkten **Sachzusammenhänge** und **Sachaufgaben** zuzuordnen. So bilden „projektorientierte Problemkontexte bearbeiten: [...] Mathematik als Mittel zur Beschreibung und zur Lösung von Sachproblemen systematisch einsetzen, Ergebnisse sachangemessen reflektieren" und „Sachaufgaben aus mehreren Rechenschritten in verschiedenen Darstellungsweisen darstellen, bearbeiten, lösen und Ergebnisse auf ihre Problemangemessenheit prüfen" Unterrichtsgegenstände der Klassen 3 und 4.

Durch den Umgang und dem Rechnen mit Größen werden außerdem die Aufgabenschwerpunkte **Größenvorstellungen** und **Umgang mit Größen** mit den Unterrichtsgegenständen „Grundvorstellungen zu Gewichten entwickeln" und „Grundeinheiten der Größenbereiche kennen lernen und zwischen ihnen umwandeln" erweitert und vertieft.

Ziel dieser Planungseinheit ist daher, dass
> der Unterricht den Kindern ermöglichen soll, eine authentische Sachsituation problemlösend mit Hilfe von geeigneten mathematischen Modellen zu mathematisieren und dabei den Umgang und das Rechnen mit Größen einzuüben, Rechenstrategien anzuwenden sowie mathematische Operationen und Zusammenhänge zu erkennen.

Das Schreiben eines Einkaufszettels ist eine authentische Situation, die viele Kinder bereits aus ihrer Umwelt kennen. Durch das Projektziel „Plätzchenbacken" wird das Sachrechnen zu einem sinnhaften Tun, das motivierend und bedeutungsvoll für die Kinder ist.

Als Initiation werden die mit den Kindern abgestimmten Rezepte „Weihnachtsplätzchen" und „Schoko- Brownies" in die Mitte des Sitzkreises gelegt. Dadurch sollen die Kinder auf das heutige Tun eingestimmt werden und das nachfolgend dargestellte Problem in einen sinnstiftenden Zusammenhang einordnen können.

Problemdarstellung:
„Wir wollen morgen diese beiden Rezepte für die Weihnachtsfeier backen. Dazu brauchen wir die angegebenen Zutaten in der ausreichenden Menge. Daher bitte ich euch mir einen Einkaufszettel zu schreiben."

Die Schüler sollen nun in der Transformation ein geeignetes mathematisches Modell entwickeln, um die Situation zu verstehen bzw. zu mathematisieren. Dieser Prozess des Mathematisierens ist ein komplexer Problemlöseprozess, der sich vereinfacht so darstellen lässt:

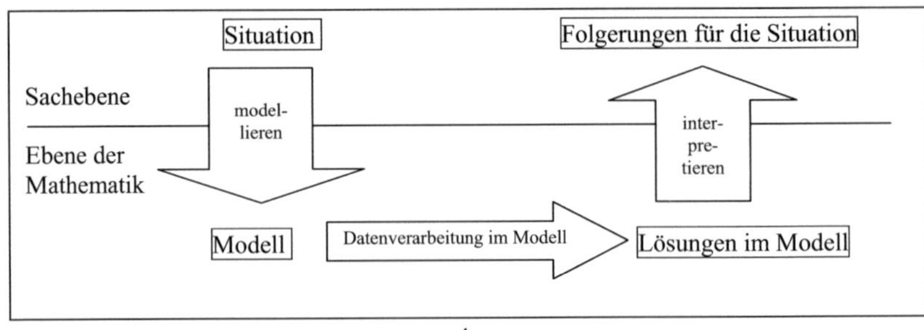

Am Anfang steht das Wahrnehmen einer Situation (Was ist das Problem?), des Problematischen in ihr (Wie viel Mehl, Zucker etc. brauche ich? Wie viele Packungen sind das?) sowie das Sammeln von Informationen (In welcher Packungsgröße sind die einzelnen Zutaten verpackt?). Daran schließt sich an, ein oder mehrere mathematische Modelle zu entwickeln, womit ein Übergang von der Sachebene in die Ebene der Mathematik geleistet wird (z.B. Rechenbäume). Das ist nicht einfach eine Übersetzung aus der Umgangssprache in die Fachsprache, sondern die Modellbildung ist ein konstruktiver und kreativer Vorgang.

Der Problemlöseprozess kann folgendermaßen aussehen:
- Was steht auf einem Einkaufszettel?
- Wie oft muss ich die Zutaten für die Weihnachtsplätzchen multiplizieren?
- Wie viel Gramm z.B. an Mehl wird demnach benötigt?

Da Schwierigkeiten bei der Berechnung der Maßangaben TL und EL auftreten können, liegen entsprechende Muster sowie Schüsseln, Waagen und Messbecher zum Ausprobieren bereit.
- Wie oft muss ich die Zutaten für die Schoko- Brownies multiplizieren?
- Wie viel Gramm z.B. an Mehl wird demnach benötigt?

Nach Erkenntnisstand der Kinder werden die Bearbeitungsstrategien divergieren: Kinder, die bereits erkannt haben, dass es für einen Einkaufszettel sinnvoll ist, gleiche Produktmengen zusammenzufassen, werden direkt gleiche Zutatenmengen addieren, wohin gegen die anderen Kinder erst ein Rezept durchgängig berechnen.
- Wie hoch ist die benötigte Gesamtmenge einer Zutat?
- Ist das jeweils errechnete Gesamtgewicht größer oder kleiner als das Packungsgewicht?

Hierbei können Probleme, bei der Außerkraftsetzung der mathematischen Gesetzmäßigkeit des Rundens auftreten.
- Wie mathematisiere ich den Lösungsweg?

Die Kinder sollen mit ihrem Partner oder in ihren Gruppen über ihr Vorgehen beraten, Lösungswege finden und versuchen Fragen gemeinsam zu klären.

Kinder bzw. Gruppen, die mit fertig sind, können sich alternativ mit den Fragestellungen: Wie schwer werden meine Taschen sein? Kann ich das alleine tragen? oder Wie viel Euro muss ich für den Einkauf bezahlen? beschäftigen (Differenzierung).

Die Qualität des Lernen ist als problemlösend (Wie gehe ich vor?) und Transferlernen (Umgang und Rechnen mit bekannten Größen und Größeneinheiten) zu bezeichnen.

Im Mittelpunkt der Reflexion stehen die Lösungsstrategien. Während eine Gruppe einen möglichen Rechenweges darstellt (Wie viel z.B. Mehl brauche ich?), werden Reflexionskarten geschrieben, auf denen die einzelnen Schritte aufgeführt werden. Diese dienen im Folgenden dazu, dass mit Hilfe von Rechenbäumen eine mögliche Strategie gemeinsam erarbeitet wird. Thematisiert werden sollen auch mögliche Alternativen sowohl im Vorgehen wie auch in der mathematischen Notation.

Übersichtsblatt zum geplanten Lernen

Initiation

Begrüßung
Impuls: Auslegen der beiden Rezepte (Weihnachtsplätzchen und Schoko- Brownies)
　　　　　　　⇒ Fixierung der Aufmerksamkeit
　　　　　　　⇒ Einstimmung auf das Projektvorhaben: Backen für die Weihnachtsfeier

Medien:　　　　　　2 DIN A3- Plakate
Sozialform:　　　　Sitzkreis
Zeitbedarf:　　　　1 Minute

Orientierung

Problementfaltung:
Wir wollen morgen diese beiden Rezepte für die Weihnachtsfeier backen. Dazu brauchen wir die angegebenen Zutaten in der ausreichenden Menge. Daher bitte ich euch mir einen Einkaufszettel zu schreiben!"

Bedingungen:
- Wir nehmen an, dass jeder von euch 2 Personen (Eltern oder Geschwister) mitbringen wird.
- Jeder möchte von beiden Sorten probieren.

Organisation:
- Hinweis auf die Nutzung der „Supermärkte" und die Anwendung von Rechenbäumen als Hilfe
- Ihr könnt in Einzel-, Partner- oder Kleingruppen (bis 3 Kinder) arbeiten!
- Hinweis auf die Reflexion: Um 10.30 Uhr treffen wir uns hier im Sitzkreis wieder!
- Austeilen der ABs, der Folie und der Folienstifte

Medien:　　　　　　Abs: Zutatenliste und Einkaufszettel, Folie: Einkaufszettel, Folienstifte
Sozialform:　　　　Sitzkreis
Zeitbedarf:　　　　4 Minuten

Transformation

Schreiben des Einkaufszettels
⇒ Rechnen mit Maßeinheiten, Ermittlung von Packungsgrößen, Anwendung von Darstellungsmethoden

Medien:　　　　　　AB Einkaufszettel, Folie: Einkaufszettel, Folienstift, Zutatenliste, Original- Packungsgrößen (Supermarkt)
Sozialform:　　　　Einzel-, Partner- oder Kleingruppenarbeit (nicht mehr als 3 Schüler)
Zeitbedarf:　　　　25 Minuten

Reflexion

Darstellung des Problemlöseprozesses einer Gruppe (⇒ Schreiben von Reflexionskarten)

Reflexionskarten als Impulse zur differenzierten Erarbeitung des Sachproblems

Medien:　　　　　　OHP- Projektor, Folie: Einkaufszettel, Reflexionskarten
Sozialform:　　　　Sitzkreis
Zeitbedarf:　　　　25 Minuten

5. Literatur

- Bunk, Hans- Dieter: Zehn Projekte zum Sachunterricht, Frankfurt a. M. 1990.
  (Auf dem Weg zu einem Projektbegriff)

- Landesinstitut für Schule (Hg.): Richtlinien und Lehrpläne zur Erprobung. Entwurf für das Fach Mathematik, 2003.

- Radatz, H./ Schipper, W.: Handbuch für den Mathematikunterricht, Hannover 1983.

- Schipper, Wilhelm/ Dröge, Rotraut/ Ebeling, Astrid: Handbuch für den Mathematikunterricht. 4. Schuljahr, Hannover 2000.

- Strehl, R.: Grundprobleme des Sachrechnens, Freiburg im Breisgau 1979.

- Wessolowski, Silvia: Sachrechnen in authentischen Situationen, in: Grundschule, 9/1998, S.36-38.

Weihnachtsplätzchen

<u>Zutaten:</u>
– ergeben Plätzchen für circa 28 Personen –

für den Teig:

200 g		gemahlene Haselnüsse
100 g	Butter	
150 g		Zucker
250 g		Mehl
1 Teelöffel		Backpulver
1 Päckchen		Vanillezucker
4 Esslöffel	Milch	

zum Bestreuen:

100 g	Puderzucker

<u>Zubereitung:</u>
- Gebe die Zutaten für den Teig in eine Schüssel und knete alles gut durch.
- Rolle den Teig dünn aus.
- Steche von diesem ausgerollten Teig runde Plätzchen aus. Du kannst auch Sterne, Herzen oder andere Motive benutzen.
- Lege deine fertigen Plätzchen auf ein gefettetes Backblech.
- Die Backbleche müssen nun bei circa 180 Grad 20 Minuten lang in den vorgeheizten Backofen geschoben werden.
- Bestreue nach dem Abkühlen die Plätzchen mit Puderzucker.

Schoko- Brownies

<u>Zutaten:</u>
– ergeben ca. 14 Stücke –

für den Teig:

50 g	Schokostreusel
70 g	Butter
80 g	Zucker
50 g	Mehl
70 g	gemahlene Haselnüsse
½ Teelöffel	Backpulver
½ Päckchen	Vanillezucker
1	Ei

zum Bestreuen:

50 g	Puderzucker

<u>Zubereitung:</u>
- Rühre in einer Schüssel die Butter mit dem Zucker cremig.
- Knete dann die Eier und anschließend die Schokostreusel unter.
- Gebe nun das Mehl, das Backpulver, den Vanillezucker sowie die gemahlenen Haselnüsse dazu und knete den Teig kräftig durch.
- Verteile den Teig nun gleichmäßig in 14 Pappformen.
- Im vorgeheizten Backofen müssen diese bei 200 Grad etwa 30 Minuten backen.
- Bestreue die einzelnen Brownies mit etwas Puderzucker.

Jedes Kind bringt 2 Personen (Eltern oder Geschwister) mit.
Jeder möchte von beiden Gebäcken probieren.

Weihnachtsplätzchen

<u>Zutaten:</u>
– ergeben Plätzchen für circa 28 Personen –

200 g	gemahlene Haselnüsse
100 g	Butter
150 g	Zucker
250 g	Mehl
1 Teelöffel	Backpulver
1 Päckchen	Vanillezucker
4 Esslöffel	Milch
100 g	Puderzucker

Schoko- Brownies

<u>Zutaten:</u>
– ergeben ca. 14 Stücke –

50 g	Schokostreusel
70 g	Butter
80 g	Zucker
70 g	gemahlene Haselnüsse
50 g	Puderzucker
50 g	Mehl
1	Ei
½ Teelöffel	Backpulver
½ Päckchen	Vanillezucker

Einkaufszettel